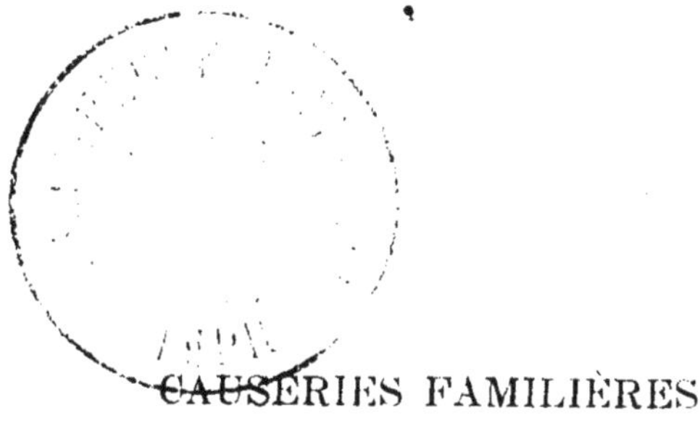

CAUSERIES FAMILIÈRES

SUR CERTAINS

ANIMAUX UTILES

CAUSERIES FAMILIÈRES

SUR CERTAINS

ANIMAUX UTILES

PAR

A. REYMOND

Instituteur public à Banne,
Membre de la Société des Sciences naturelles et historiques de l'Ardèche.

OUVRAGE HONORÉ D'UNE MÉDAILLE DE BRONZE
par la Société protectrice des animaux, dans sa séance du 1er septembre 1867.

PRIVAS
IMPRIMERIE ET LITHOGRAPHIE DE ROURE FILS
1867

AVANT-PROPOS

CHERS ÉLÈVES,

Appelé par devoir à inculquer dans vos jeunes intelligences les premières notions de l'instruction et de l'éducation, je croirais déroger à ma tâche d'instituteur primaire si je ne faisais entrer dans mon enseignement, à la fois obligatoire et facultatif, une branche qui, dès l'abord, pourra vous paraître étrange, mais qui développée, vous prouvera une fois de plus combien Dieu est grand, combien sont infinies ses bontés, et combien il a été sage dans la création des êtres qui peuplent le globe que nous habitons.

Je veux parler des animaux.

Ce seul mot vous fait sourire. Eh bien! sachez que le Créateur en les formant le sixième jour, comme vous l'apprend l'histoire sainte, a eu pour but de venir au-devant de l'homme (créature faite à son image) autant pour ses besoins corporels, que pour l'aider dans les rudes travaux auxquels il fut condamné par son péché de désobéissance.

Mais, me direz-vous, l'animal n'est qu'une bête, et à ce titre nous devons le traiter comme tel, c'est-à-dire le frapper, l'accabler de coups, nous en servir pour nos besoins et plaisirs et le sommer lorsqu'il n'agit pas selon nos désirs.

Ah ! chers élèves, détrompez-vous. Ne croyez pas que la bête, comme vous l'appelez, ait absolument été créée pour vos plaisirs.

Je sais que Dieu au sortir de l'arche (4004 avant J.-C.) dit à Noé et à ses enfants de se nourrir de la chair de tout animal vivant ; mais tout en leur donnant cette prérogative, ce droit de vie et de mort sur eux, il mit un sentiment d'humanité dans leur cœur, et leur fit un devoir de traiter avec bonté ceux qui pouvaient les aider dans leurs labeurs de chaque jour.

Cela est si vrai, et les hommes sensibles l'ont si bien compris, que si nous ouvrons l'histoire de tous les temps et de tous les siècles, nous voyons des empereurs et des rois se faire un honneur de les traiter avec humanité.

Voyez avec quels soins les premiers hommes élevaient leurs chameaux et leurs brebis !.....

Voyez avec quelle affection paternelle l'habitant de l'Arabie élève ses chevaux !....

Voyez Philippe, roi de Macédoine (Grèce) 356 avant J.-C. et son fils Alexandre-le-Grand, traitant avec humanité leur beau cheval bucéphale (tête de bœuf).

Voyez, trois siècles plus tard, 31 avant J.-C., Caligula, empereur romain, prodiguant sa fortune et ses soins à son cheval blanc auquel on présentait à genoux de l'orge doré !...

Voyez, au dix-huitième siècle, le grand et immortel Napoléon Ier caressant son petit cheval gris, et se faire un honneur d'alléger son joug autant qu'il était en lui !.....

De nos jours encore les hommes de cœur se font un devoir de donner leur pain quotidien à ces vieux serviteurs qui, comme eux, ont couru et affronté le sort des combats.

Cela est si vrai, qu'indigné des mauvais traitements que certains êtres inhumains leur faisaient endurer, M. de Grammont, député de la Haute-Saône, dans un rapport succinct mais plein d'élévation, fit voter, le 2 juillet 1850, une loi ainsi conçue :

« Article unique. — Seront punis d'une amende « de 5 à 15 fr. et pourront l'être d'un à cinq jours « d'emprisonnement, ceux qui auront exercé publi- « quement et abusivement de mauvais traitements « envers les animaux domestiques.

« La peine de la prison sera toujours appliquée « en cas de récidive. »

Aujourd'hui même, une société composée de ce que la France compte de hauts placés dans les diverses hiérarchies, fonctionne régulièrement à Paris, rue de Lille, 34, et met tout en œuvre : écrits, récompenses pécuniaires et honorifiques, pour appuyer cette œuvre philanthropique.

Permettez-moi donc, chers élèves, d'appuyer, de mon faible crédit, des membres si distingués ; de voir ensemble ce que c'est que l'animal, le but pour lequel il a été créé, ce que nous lui devons, son existence et sa fin.

Trop heureux si je puis, par là, faire naître dans vos cœurs ce sentiment naturel qui porte l'homme à respecter les œuvres du Créateur.

CAUSERIES FAMILIÈRES

SUR CERTAINS

ANIMAUX UTILES

LE CHEVAL

(Du latin equus.)

> La plus noble conquête que l'homme ait jamais faite est celle de ce fier et fougueux animal, qui partage avec lui les fatigues de la guerre et la gloire des combats.
> BUFFON.

Quoi de plus beau, en effet, que ce quadrupède à l'état de liberté, mais aussi quoi de plus stupide et de plus triste à celui de servilité...

Voyez la différence qu'il y a entre le cheval bien nourri, bien soigné et flatté, avec celui, qui, au contraire, est constamment sous les coups. Le premier est fier et porte haut la tête; il affronte avec courage et pétulance les dangers: il semble heureux de porter son maître, d'user de toutes ses forces, de s'excéder même et de mourir, s'il le faut, pour mieux obéir à la main qui le conduit. Le second, au contraire, qui est mal nourri et mal soigné, parait toujours hébété et s'il agit par moments, ce n'est que par la crainte des mauvais traitements.

De grâce, soyez humain à son égard ; il est tout-à-fait contraire à la morale d'exercer de mauvais traitements envers les animaux domestiques, qui sont des instruments précieux de notre existence : de pareils actes familiarisent l'homme avec la vue du sang, et font germer dans le cœur de l'enfant des habitudes de cruauté. Celui qui s'amuse à torturer des animaux manifeste un mauvais cœur, et peut-être il se prépare à devenir un grand criminel.

Mais, me direz-vous, à quoi bon tant flatter une bête?

Ah! vous répondrai-je! le cheval se mérite votre estime, vos soins de chaque jour, de chaque heure et de chaque minute.

Et d'abord, il traîne ou porte nos fardeaux les plus pesants ; il nous aide à remuer les entrailles de cette terre devant laquelle des leviers puissants semblent devoir échouer ;

Il nous donne un fumier qui, bien employé, comme étant le plus chaud et le plus actif, sert avantageusement dans les couches chaudes de nos jardins (semis précoces) ;

Sa corne et son poil, bien utilisés, servent à engraisser nos champs ;

De nos jours même, sa viande est utilisée comme nourriture dans nos grands centres — Paris, Lyon, Marseille, etc., etc. — Repas hippique.

Ses os (noir d'animal), ont des pouvoirs décolorants sur certains liquides;

Sa peau, travaillée, sert pour nos chaussures et, comme vous le savez tous, cet animal brille dans les tournois.

Vous voyez donc, chers amis, qu'aucune de ses parties n'est à dédaigner.

Joint avec l'ânesse, il produit le mulet; il hennit, et sa vie moyenne est de 25 à 30 ans.

Amour et soins tel est donc votre devoir!...

LE MULET

(Du latin mulus.)

Ici encore je pourrais m'étendre: comme le cheval, le mulet porte nos provisions et nos fardeaux; comme lui, il nous traîne et nous donne un excellent fumier; comme lui, il nous aide à déchirer les entrailles de la terre; comme lui, il affronte les dangers et paraît fier de son origine surtout lorsqu'il est bien traité.

Mais plus rapide que le cheval, le mulet grimpe par des sentiers où l'autre ne peut se mouvoir, et il est d'une utilité incontestable dans les pays abrupts et accidentés.

Mais me direz-vous : pourquoi ses ruades et ses entêtements si fréquents ?

Les ruades et les entêtements, chers amis, ne sont, le

plus souvent, que l'œuvre de ceux qui les ont élevés ou qui les conduisent.

Pourquoi être si brutal à leur égard et les excéder de coups pour le moindre manquement ?

Pourquoi ces rudes leçons alors, surtout que par la douceur et les caresses vous pourriez les corriger et les rendre meilleurs ?

Je ne crains pas d'avancer que, comme le cheval, le mulet bien traité dès son bas-âge, sera plus tard doux, familier et obéissant aux volontés de ses maîtres.

Je puis même vous citer un fait :

Un jeune poulain de 4 à 5 mois, flatté, il est vrai, venait prendre dans la main le morceau de pain qu'on lui présentait, et accourait d'une distance de plus de 200 mètres pour venir flairer la main qui le caressait.

Ici encore, de la patience dans l'élevage ; croyez-le, la bienveillance envers les animaux conduit naturellement à la charité envers nos semblables. « Dieu ne nous a pas donné deux cœurs, l'un cruel pour les animaux, et l'autre bienveillant pour les hommes. »

Le mulet peut vivre de 25 à 30 ans.

L'ANE

(Du latin asinus)

L'âne, qu'on a injustement appelé le cheval dégénéré, et auquel la renommée a donné le nom de bourrique, baudet, animal à longues oreilles, est dans sa jeunesse gai et même assez joli : il a de la légèreté et de la gentillesse, mais il la perd bientôt, soit par l'âge, soit par les mauvais traitements, et il devient lent, indocile et têtu.

Comme le cheval et le mulet, l'âne est d'un grand secours dans les transports et même à la charrue, surtout dans les terrains légers : il nous donne un excellent fumier pour les terres fortes et humides, fumier qui varie de propriétés selon les soins et la nourriture qu'il prend : comme eux, il se mérite nos soins et ce n'est que par bizarrerie qu'il semble qu'on doive prendre plaisir à le tourmenter.

Pourquoi ce mépris?

Serait-ce, chers amis, parce qu'il a été le premier à réchauffer les membres engourdis de l'Homme-Dieu?...

Serait-ce parce qu'il est plus timide que ceux de sa famille?...

Cela ne provient que de ce qu'il a l'oreille excellente et l'ouïe très-fine.

Serait-ce parce qu'il ouvre la bouche et retire les lèbres d'une manière très-désagréable?

Vos tourments seuls en sont la cause!

De grâce donc, de la patience et de la douceur envers lui; vous savez qu'il est de son naturel aussi humble, aussi patient, aussi tranquille que le cheval est fier, ardent et impétueux ; il est sobre et sur la quantité et sur la qualité de la nourriture; il boit aussi sobrement qu'il mange, et s'il n'enfonce point du tout son nez dans l'eau c'est, dit-on, par la peur que lui fait l'ombre de ses oreilles.

Voyez comme il est propre dans ses habitudes; il ne se vautre pas, comme le cheval, dans la fange et dans l'eau; il craint même de se mouiller les pieds, et se détourne facilement pour éviter les boues; il est succeptible d'éducation, et l'on en a vu d'assez bien dressés pour faire curiosité de spectacle.

Sa peau sert pour nos chaussures, pour des cribles et pour des tambours — peaux de batteries; — ses os, beaucoup plus durs que ceux des autres animaux, servent pour faire des flûtes;

C'est encore avec son cuir que les Orientaux font le sagri, que nous appelons chagrin.

L'âne brait, ce qui se fait par un grand cri très-long, très-désagréable et discordant, par dissonnances alternatives de l'aigu au grave et du grave à l'aigu.

Cet animal nous est d'une grande utilité à la campagne et au moulin.

Joint avec la jument, il produit les grands mulets. Sa vie moyenne est de 28 à 35 ans.

LE BŒUF

(Du latin bos.)

Le bœuf ne convient pas autant que le cheval, le mulet et l'âne pour porter nos fardeaux (la forme de son dos et de ses reins le démontre); mais à la seule inspection, la grosseur de son cou et la largeur de ses épaules, indiquent assez qu'il est propre à tirer et à porter le joug.

Voyez-le à la charrue... la masse de son corps, la lenteur de ses mouvements, le peu de hauteur de ses jambes, tout, jusqu'à sa tranquillité et sa patience, semble concourir à le rendre propre à la culture des champs et plus capable qu'aucun autre, de vaincre la résistance constante et toujours nouvelle que la terre oppose à ses efforts.

Le bœuf, comme les autres animaux domestiques, varie par la couleur.

Vous savez tous que le cheval et le mulet mangent nuit et jour lentement, mais presque continuellement.

Le bœuf, au contraire, mange vite et prend en assez peu de temps sa nourriture, après quoi il se couche pour ruminer.

Outre les avantages déjà énumérés, d'autres motifs, chers élèves, doivent nous engager à protéger ce quadrupède.

Je veux parler de sa chair, si bonne à manger, de sa peau, de ses cornes, de son poil, de ses os et même de sa fiente.

Et d'abord, sa viande nous fournit un aliment sain et abondant, puisqu'il y en a du poids de 1,600 kilog. Sa peau a une infinité d'usages.

Ses cornes servent aux braconniers pour faire des poires à poudre; c'est le premier vaisseau dans lequel on ait bu; le premier instrument dans lequel on ait soufflé pour augmenter le son; la première matière transparente que l'on ait employée pour faire des vitres de lanterne et que l'on ait ramollie pour faire des boîtes, des peignes, etc., etc.

Son poil et ses os servent à engraisser nos champs; son fumier, connu sous le nom de bouse ou onguent de St-Fiacre, est très-bon pour engraisser nos terres sèches et légères, et pour cicatriser les plaies faites sur les arbres par la greffe en fente.

Voulez-vous, chers élèves, avoir des bœufs sains et vigoureux?

Donnez-leur, par intervalles assez rapprochés, du vin, du vinaigre et du sel;

Etrillez-les tous les jours; lavez-les; graissez-leur la corne des pieds; faites-les boire au moins deux fois par jour, et conduisez-les aux eaux fraîches et nettes.

Ce ruminant se mérite tous nos soins, et nous ne saurions trop faire pour en perpétuer la race; il a été appelé à réchauffer le divin Sauveur dans l'étable de Bethléem, et les reines de France, jusqu'au septième siècle, ne se sont servi que du bœuf pour faire traîner leurs chariots en public.

Voir même Thierry 1er, 15e roi de France (669).

LA VACHE

(Du latin vacca.)

Comme le bœuf, la vache sert au labour et nous donne une viande qui, quoique un peu coriace, est délicieuse à manger.

La nourriture et les soins sont à peu près les mêmes,

à l'exception, toutefois, de celles à lait qui exigent des soins particuliers.

Les vaches noires sont, dit-on, celles qui donnent le meilleur lait, et les blanches sont celles qui en donnent le plus.

C'est surtout à l'époque du vêlage qu'il faut leur prodiguer les soins les plus minutieux ; la peau, la corne, le poil et le fumier jouissent des mêmes propriétés et servent aux mêmes usages que dans le bœuf.

Ce ruminant demande à être trait deux fois par jour en été et une fois seulement en hiver.

Pour augmenter la quantité du lait, il n'y a qu'à les nourrir avec des aliments succulents. Le lait des jeunes génisses est trop clair, et celui des vieilles vaches est trop sec.

C'est ordinairement à l'âge de dix ans qu'on les met à l'engrais, après quoi elles sont livrées au commerce pour la consommation.

LA CHÈVRE

(Du latin capra.)

La chèvre est la vache du pauvre ; elle lui donne du lait et du fromage ; des petits chevreaux dont la chair est excellente et, lorsqu'elle est vieille, sa viande peut être salée.

La chèvre a de sa nature plus de sentiment et de

ressource que beaucoup d'autres animaux ; elle se familiarise aisément ; elle est sensible aux caresses et même capable d'attachement ; elle est vive, capricieuse, lascive et vagabonde ; elle aime la solitude et grimpe sur les lieux escarpés ; ses lieux de prédilection sont les montagnes, même les plus inaccessibles ; toutes les herbes lui sont bonnes, et il y en a peu qui l'incommodent.

La chèvre peut engendrer dès l'âge de sept mois, mais les fruits de cette génération précoce, sont faibles et défectueux.

Les meilleures sont celles qui ont le corps grand, la croupe large, la démarche légère, les mamelles grosses, les pis longs et le poil doux et touffus.

Il est avéré que les chèvres blanches et celles qui n'ont point de cornes sont celles qui donnent le plus de lait, mais que les noires sont les plus fortes et les plus robustes.

Tout, chers amis, s'utilise dans cet animal ; on en vend la chair, le suif, le poil et la peau. Son lait, meilleur et plus sain que celui de la vache et de la brebis, est d'un usage dans la médecine ; il se caille facilement avec la présure et la plante appelée caille-lait, et l'on en fait de très-bons fromages.

Comme le bœuf, la chèvre a quatre estomacs ou poches et rumine ; elle ne produit ordinairement qu'un chevreau, quelquefois deux, très-rarement trois et jamais plus de quatre. Son fumier, appelé crotins, est très-bon pour les terres fortes. La chèvre peut vivre jusqu'à 17 ans.

LA BREBIS

(Du latin ovis.)

La brebis est élevée pour la production de la laine qui sert à faire les habits dont nous nous recouvrons, et pour sa viande.

Absolument sans ressource et sans défense, cet animal est de tous les quadrupèdes le plus stupide et celui qui a le moins de ressource et d'instinct; mais quoique si chétif en lui-même, il est pour l'homme le plus précieux.

Seul, il peut suffire aux besoins de première nécessité ; il fournit tout à la fois de quoi se nourrir et se vêtir, sans compter les avantages particuliers que l'on en retire du suif, du lait, de la peau, des boyaux, des os et du fumier.

Lorsque la brebis est prête à mettre bas, il faut la séparer du reste du troupeau et ne lui permettre de retourner aux champs que six ou sept jours après.

La meilleure époque pour l'engrais est l'hiver ; on les met dans une étable à part, et on les nourrit de farine d'orge, d'avoine, de froment, de fèves mêlées de sel, afin de les exciter à boire plus souvent et plus abondamment.

La brebis bêle et elle peut vivre jusqu'à l'âge de 8 ans.

LE COCHON

(Du latin porcus.)

Le cochon est un animal précieux, parce qu'il fournit aux habitants de la campagne la seule viande qu'ils mangent et qu'il est facile à nourrir.

De tous les pachydermes, le cochon paraît être le plus brut ; ses habitudes sont grossières, ses goûts immondes, ses sensations se réduisent à une luxure furieuse et à une gourmandise brutale, qui lui fait dévorer indistinctement sa progéniture même au moment qu'elle vient de naître.

Le cochon a en tout quarante-quatre dents ; douze incisives, quatre canines et vingt-huit mâchelières. (Il n'y a que le cochon et deux ou trois autres espèces d'animaux qui aient des défenses ou dents canines très-allongées.)

Il est nécessaire de faire laver souvent le cochon ; le bain le rafraîchit et prévient les maladies.

L'engraissement doit commencer à dix mois ou à un an, et la manière ordinaire consiste à leur donner abondamment, et à des heures réglées, de l'orge, du gland, des pommes de terre, des plantes-racines cuites, du maïs et des châtaignes.

Cet animal nous est d'une grande nécessité ; il utilise

pour ainsi dire tout en se nourissant, jusqu'au moment de l'engraissement, de choses sans valeur.

Sa vie moyenne, d'après Aristote, varie de 5 à 20 ans.

LE CHIEN

(Du latin canis.)

Indépendamment de la beauté de sa forme, de la vivacité, de la force et de la légèreté, le chien a par excellence toutes les qualités intérieures qui peuvent lui attirer les regards de l'homme. Sans avoir comme lui la lumière de la pensée, il a la chaleur du sentiment, et il a de plus que lui la fidélité et la constance dans ses affections.

Lisons les ouvrages qui traitent de ce dévoûment ; combien d'exemples n'y trouvons-nous pas.

Que de chiens qui sont morts pour sauver leurs maîtres !.....

Combien qui se sont laissé mourir de faim après leur décès !.....

Combien qui ont tenté de les déterrer !.....

Combien qui, par leurs gémissements, ont fait couler des larmes !.....

Ah ! chers élèves, je n'en finirais pas si je voulais vous retracer tous leurs actes de bonté.

Le chien a en tout quarante-deux dents, savoir :

1° Six incisives en haut et six en bas ;

2° Deux canines en haut et deux en bas ;

3° Quatorze mâchelières en haut et douze en bas ;

Il n'y a pas d'animal plus doux et plus prévenant envers ses commensaux ordinaires. Mais, me direz-vous peut-être, pourquoi ces grincements de dents ?

Pourquoi ces aboiements assourdissants ?

Pourquoi cette laideur lorsqu'il vient au monde ?

Ces grincements de dents ne sont que l'œuvre de la colère à son paroxisme vis-à-vis du danger.

Ces aboiements sont pour nous prémunir contre l'ennemi qui nous menace, et, à ce titre, nous devons lui en savoir gré.

Cette laideur ou difformité en venant au monde, et la patience avec laquelle sa mère le lèche, est une preuve de son instinct d'intelligence et d'amour surnaturel.

Voyez-le, en effet, lêchant la main qui le frappe et ne lui opposant que la plainte !.....

Voyez-le, dès que le braconnier s'arme de son fusil, comme il brûle d'ardeur !.....

Voyez-le à la tête d'un troupeau, il s'y fait souvent mieux entendre que la voix du berger, et la sûreté, l'ordre et la discipline sont le fruit de sa vigilance et de son activité.

La vie moyenne du chien varie de 14 à 16 ans, il y en a même de 20.

Sa peau sert pour les peaux de tambour.

LE CHAT

(Du latin felis.)

Le chat est un domestique infidèle qu'on ne garde que par nécessité, et cela pour l'opposer à un autre ennemi également domestique : le rat et la souris.

Le chat est joli, léger, adroit, propre et voluptueux ; il aime ses aises, aussi cherche-t-il de préférence les endroits les plus mollets pour s'y ébattre et s'y reposer. Les jeunes chats sont gais et vifs et l'on pourrait, en toute sécurité, s'amuser avec eux si, sous leurs pattes de velours, ne se trouvaient cachés des griffes qui s'allongent démesurément au moindre caprice.

Fourbe et voleur, cet animal semble se méfier de tous, même de ceux qui le nourrisse.

Voyez-le, il ne fixe jamais la main qui le caresse ; il ne vient jamais directement, mais toujours par des détours, insignes de sa méfiance et de son hypocrisie ; il ne poursuit que rarement sa proie, mais il l'attend au guet.

Le chat aime les parfums et il a une prédilection marquée pour la plante appelée catère (famille des borraginées) ; il mâche lentement et même difficilement ; cela provient de ce que ses dents sont courtes et mal posées.

Il est nocturne et sa vie ne se prolonge pas au-delà de 11 à 12 ans.

Sa peau, préparée, sert pour nous garantir du froid et ses tendons sont utilisés par les violonistes et les violoncellistes.

LA POULE

(Du latin *pullus*.)

La poule, de l'ordre des galinacés et du genre faisan, nous est d'une grande utilité pour ses œufs, sa viande, son fumier (la colombine), ses plumes et même son duvet.

Les gens des campagnes, les fermières surtout, donnent la préférence aux noires comme étant plus fécondes que les blanches ; dans tous les cas, il faut choisir celles qui ont l'œil éveillé, la crète flottante et rouge.

Un œuf, chers amis, se compose de cinq parties distinctes.

Savoir :

1° La coque ; 2° dessous une membrane commune qui en tapisse toute la cavité ; 3° le blanc externe ; 4° le blanc interne qui est plus arrondi que le précédent, et 5° au centre, le jaune qui est de forme sphérique ; son poids moyen est d'environ 31 grammes.

Savez-vous d'où provient qu'il se trouve quelquefois deux jaunes dans une seule coque ?

Le voici : il arrive parfois que deux œufs, également murs, se détachant en même temps de l'ovaire, parcourent ensemble l'oviductus, et, formant leur blanc sans se séparer, se trouvent ainsi réunis.

Les poules pondent indifféremment pendant toute l'année, la mue excepté, dont la durée est d'environ six semaines ou deux mois à la fin de l'automne, et au commencement de l'hiver.

J'appelle mue, la chûte des vieilles plumes pour les nouvelles.

La fécondité de la poule consiste à pondre presque tous les jours. La chaleur est un moyen puissant pour les faire pondre même en hiver. Ce bipède ne paraît heureux et fier que lorsqu'il vient de pondre. Son cri alors s'appelle glousser.

L'instinct de la maternité se fait sentir à un haut degré chez lui. Voyez-la après avoir pondu une trentaine d'œufs, elle ne demande qu'à les couver, et si ses désirs sont exaucés, elle se livre tellement à cette occupation qu'elle en oublie le boire et le manger.

On vient à bout d'éteindre ce besoin, de couver, en trempant souvent dans l'eau froide ses parties postérieures.

D'où lui provient, chers amis, l'audace qu'elle a une fois devenue mère?

Ce courage n'est que la conséquence de l'ardeur qu'elle avait montré pour couver ; avouons qu'elle s'oublie souvent elle-même pour conserver sa progéniture.

Voyez-la à l'œuvre : paraît-il un oiseau de proie (faucon, aigle et milan) dans les airs? cette mère devient intrépide par tendresse. Un homme, lui-même, veut-il l'approcher, elle lui vole dessus.

N'avez-vous pas entendu parler de ces prétendus œufs de coqs qui sont sans jaune et contiennent, à ce que croit le vulgaire, un serpent.

Erreur. Cet œuf, chers amis, n'est que le produit d'une poule trop jeune, ou le dernier effort d'une poule épuisée par sa fécondité même.

La meilleure manière de conserver les œufs, même pendant plusieurs années, serait d'induire exactement la coque par une couche de matière grasse ; dans certaines provinces, on a une espèce de pâte faite avec de la cendre tamisée et de la saumure, d'autres, dans l'huile, dans le blé ; le vernis et le lait de chaux sont également bons.

La poule demande à être tenue chaudement en hiver, et au frais pendant l'été, sa viande est excellente à manger.

LES ABEILLES

(Du latin apis.)

Nos abeilles domestiques ou mouches à miel, qui paraissent être originaires de la Grèce et qui, paraît-il, ont été transportées dans toute l'Europe, dans le Nord de l'Afrique et de l'Amérique septentrionale, vivent en colonies composées chacune de 10 à 30,000 ouvrières ou mulets; de 6 à 800 mâles ou faux bourdons, et communément d'une seule femelle qui y règne en souveraine et qui a reçu le nom de reine.

Ces insectes établissent leur demeure dans des cavités naturelles ou dans les huttes préparées de main d'homme et que l'on nomme ruches.

La colonie se compose d'abeilles cirières, d'ouvrières ou mulières.

Les premières sont chargées de la récolte des vivres et les secondes des soins intérieurs du ménage et de l'éducation des petits.

Pour faire sa récolte, la cirière entre dans une fleur bien épanouie, s'y charge de la poussière appelée pollen et se hâte d'aller se débarasser de ce fardeau où les ouvrières se chargent de la fabrication du miel et de la cire.

Quand les abeilles ont fait une récolte abondante de pollen ou de miel, elles déposent le surperflu dans des cellules particulières pour subvenir soit à leur consommation journalière, soit à leurs besoins futurs.

Les mâles ou faux bourdons ne participent nullement à ces travaux ; lorsqu'ils ont rempli leur but, c'est-à-dire fécondé la reine, les ouvrières les mettent à mort en les perçant de leurs aiguillons.

C'est du mois de juin à celui d'août que ce carnage a lieu.

La reine, comme les faux bourdons, reste également étrangère à la vie active menée par les cirières et les ouvrières; mais comme c'est de sa fécondité que dépend la prospérité de l'essaim, elle est toujours choyée, adulée et respectée par celles-ci.

Savez-vous, chers amis, d'où provient que les colonies d'abeilles, c'est-à-dire les nouveaux essaims, aient principalement lieu dans la belle saison?

Le voici : après que la mère-abeille (reine) a pondu ses œufs, nécessairement ils éclosent et il en sort une petite larve blanchâtre qui, étant privée de pattes, ne peut sortir de son nid et chercher sa nourriture; les ouvrières ont soin d'y pourvoir abondamment; vous comprenez que sur le nombre de naissances, il peut y avoir une et même plusieurs petites reines!.....

Qu'arrive-t-il alors? Quand celles-ci ont achevé leurs métamorphoses et rongé le bord du couvercle de leurs cellules pour sortir de leur nid, on voit se manifester dans toute la colonie une grande agitation. D'un côté, les ouvrières bouchent avec de la cire les ouvertures pratiquées par ces jeunes reines pour les retenir prisonnières; d'un autre côté, la vieille reine cherche à s'en approcher pour les percer de son aiguillon et se défaire ainsi de rivales dangereuses, mais alors des phalanges d'ouvrières s'interposent pour l'en empêcher.

C'est au milieu de ce tumulte que la vieille reine sort de la ruche, avec toute l'apparence de la colère, suivie d'une grande partie de la société, ouvrières, cirières et mâles dont elle était le chef unique.

Les jeunes abeilles trop faibles pour émigrer, restent dans la ruche et bientôt leur nombre augmente par l'apparition de celles qui était encore à l'état de larves ou de nymphes.

A leur tour les jeunes reines se livrent un combat

acharné et une seule doit rester pour devenir la souveraine de la nouvelle société ou famille.

L'essaim qui a abandonné sa demeure va à quelque distance se suspendre en grappe ou pelote plus grosse que les deux poings, et au centre de laquelle se trouve la reine; repris par le propriétaire ou le premier venu et renfermé dans une ruche, il y fonde une nouvelle colonie qui, à la longue, fournit un second essaim, puis un troisième et quelquefois un quatrième.

On reprend un essaim de plusieurs manières différentes :

1° En faisant un grand bruit qui effraie les mouches et les force de s'abattre;

2° En leur jetant de la terre fine qu'elles prennent pour de la pluie ;

3° Par la détonation d'une arme à feu.

Le moyen le plus sûr pour la prospérité des essaims, consiste à placer les ruches :

1° A l'abri et près des vergers;

2° Près d'une source d'eau vive;

3° Élever la ruche à une petite hauteur pour empêcher les rongeurs (rats et mulots) de venir les déranger;

4° Être très-exact à leur donner la nourriture qui semble le mieux leur convenir, telle que miel, confiture, soupe, etc., etc.

LE LAPIN

(Du latin cuniculus.)

Quoique fort semblable avec le lièvre, autant à l'intérieur qu'à l'extérieur, ces deux animaux ne se mêlent point ensemble et font deux espèces distinctes et séparées.

La fécondité du lapin est beaucoup plus grande que celle du lièvre, et cet animal se contente pour sa nourriture de l'herbe, des racines, des graines, des fruits, des légumes, des arbrisseaux et même des branches d'arbre.

Le lapin se soustrait plus facilement aux yeux de ses ennemis que le lièvre, et cela, par les trous qu'il se creuse dans la terre où il se retire pendant le jour, et où il fait ses petits.

Là, à l'abri des yeux de l'homme, du loup, du renard et des oiseaux de proie (aigle, pigargue, vautour, urubu, cándor, buse et milan) il y habite avec sa famille en pleine sécurité, y élève et y nourrit ses petits jusqu'à l'âge d'environ deux mois, et ne les laisse sortir de cette retraite sûre, que quand ils sont tout-à-fait élevés.

Mais, me direz-vous, pourquoi, puisque le lapin et le lièvre ont à peu près les mêmes mœurs ce dernier est-il plus rare?

Cela provient de ce que le lièvre plus imbécile que le lapin, se contente de se former un gîte à la surface de la terre où il demeure continuellement exposé, tandis que l'autre, par un instinct plus réfléchi, se donne la peine de fouiller la terre et de s'y pratiquer un asile ou terrier.

On appelle lapin clapier ou domestique celui que nous élevons.

Le lapin peut engendrer et produire à l'âge de 5 ou 6 mois ; la femelle porte 30 ou 31 jours, et produit 4, 5, 6, 7, 8, et quelquefois 10 et même 12 petits.

Quelques jours avant de mettre bas, la femelle se creuse un nouveau terrier, en zigzag, au fond duquel elle fait un lit avec le poil de dessous son ventre pour y déposer ses petits ; le mâle ne les reconnaît que lorsqu'ils commencent à venir au bord de leur trou pour manger le séneçon ou les autres herbes que la mère leur présente. Là, il les prend entre ses pattes, leur lustre le poil et les lèche.

Tout chez ce petit quadrupède a son utilité : sa peau sert pour des fourrures et manchons, et sa viande est excellente à manger.

LES OISEAUX

(Du latin aves.)

Créés par Dieu le cinquième jour, les oiseaux sont en nombre infini, et les plus belles espèces habitent les pays chauds.

Parlons de ceux qui nous sont les plus connus ; étudions leurs mœurs et nous verrons qu'ils nous sont d'une grande utilité d'abord, pour la destruction des insectes, et ensuite pour la viande qu'ils nous donnent.

LE MOINEAU

(Du latin passer.)

Ce petit bipède, n'est-ce pas, vous paraît très-souvent inutile à cause de ses rapacités et de son gazouillement tui tui ?.. Eh bien, sachez qu'il a son mérite comme les autres, et qu'il nous rend même de très-grands services.

Le moineau est comme le rat attaché à nos maisons; il aime les grands centres ; comme il est paresseux et gourmand, il suit la société pour vivre à ses dépens.

Tous les lieux où nous rassemblons nos provision ,

granges, greniers, basses-cours et colombiers, sont fréquentés par lui ; cette espèce d'oiseau se multiplie trois fois par an ; comme il est robuste, on l'élève facilement dans des cages et il vit plusieurs années, les femelles surtout.

Il niche ordinairement sous les tuiles, dans les cheneaux, dans les trous de murailles, dans les pots qu'on lui offre, dans les puits et même sur les arbres (le saule et le noyer de préférence) ; il nous débarasse d'une fourmilière d'insectes et sa viande est assez bonne à manger.

LE SERIN

(Du latin acathis.)

Si le rossignol est le chantre des bois, le serin est le musicien de la chambre et il participe à nos arts.

Ce petit oiseau a beaucoup plus d'oreille, de mémoire et de facilité d'imitation que le rossignol ; il est sociable, doux, familier, ses caresses sont aimables et ses petits dépits innocents.

Le serin peut parler et siffler ; il chante en tout temps et nous récrée dans les jours les plus sombres.

On le croit natif des Hespérides, îles Canaries (Océan Atlantique) ; il y en a de vingt-neuf espèces différentes.

Le serin ou venturon niche de préférence sur nos mûriers, et pond 4 ou 5 œufs ; il est facile à nourrir et se prive facilement.

LE PINSON

(Du latin frigilla)

Cet oiseau a beaucoup de force dans le bec, et il sait très-bien s'en servir pour se faire craindre des autres petits oiseaux, comme aussi pour pincer, même jusqu'au sang, ceux qui le tiennent ou qui veulent le prendre.

Le pinson n'émigre pas totalement en automne; il y en a toujours un assez bon nombre qui restent avec nous; très-vif par nature, on le voit toujours en mouvement.

Son nid est parfaitement circulaire, solidement tissu, et il le pose de préférence sur les châtaigniers et les pommiers.

La femelle pond 5 ou 6 œufs, gris-rougeâtre, semés de tàches noiràtres.

Les petits sont nourris avec des chenilles et des insectes, de petites graines (blé, avoine, chênevis, pavot et bardane).

Le mâle, très-attaché à sa compagne, ne la quitte point tandis qu'elle couve, — la nuit surtout.

L'ALOUETTE

(Du latin alauda)

Cet oiseau, aujourd'hui fort répandu et qui est appelé oiseau moqueur imitateur, a réellement l'avantage d'imiter avec cette pureté d'orgue, cette flexibilité de gosier qui se prête à tous les accents et qui les embellit.

A l'état libre, l'alouette commence à chanter dès les premiers jours de printemps; elle continue pendant toute la belle saison : le matin et le soir sont les temps de la journée où elle se fait le plus entendre.

Cet oiseau est du petit nombre de ceux qui chantent en volant; plus elle s'élève, plus elle force la voix; elle ne se perche jamais sur les arbres et on doit la compter parmi les oiseaux pulvérateurs (oiseaux qui ont l'habitude de se rouler dans la poussière).

L'alouette ou mauviette place son nid entre deux mottes de terre, et le garnit intérieurement d'herbes et de petites racines sèches.

Chaque femelle pond 4 ou 5 œufs; elle ne les couve que quinze jours au plus, et elle emploie encore moins de temps à conduire et à élever ses petits. L'alouette peut faire jusqu'à trois couvées dans un été (mai, juillet et août).

La nourriture la plus ordinaire des jeunes alouettes consiste en vers, chenilles, œufs de fourmis et sauterelles ; devenues adultes, elles vivent de graines, d'herbes et de toute matière végétale.

Cet oiseau s'apprivoise facilement; il devient même familier jusqu'à venir manger sur la table et se poser sur la main.

Vous connaissez tous, chers élèves les différents piéges dont on se sert pour le prendre : collets, traîneaux, lacets, pantières, filet et gluau.

Sa chair est une nourriture fort saine et fort agréable, surtout lorsqu'elle est grasse.

Sa vie moyenne varie de 15 à 18 ans.

LE ROSSIGNOL

(Du latin philoméla.)

Si l'alouette, le serin, le pinson, la fauvette, la linotte et le chardonneret se font entendre avec plaisir, lorsque le rossignol se tait, il n'en est pas un qui ne s'éclipse dès qu'il commence son ravissant ramage.

Ce coryphée du printemps, avec ses roulades précipitées, brillantes et rapides, charme et fait admirer la puissance de l'Éternel.

Il est étonnant, en effet, qu'un oiseau dont le poids ne dépasse pas 17 grammes ait tant de force dans les organes de la voix.

Passé le mois de juin, le rossignol ne chante plus ; il ne lui reste qu'un cri rauque, une sorte de croassement où l'on ne reconnaît point du tout la mélodieuse philomèle (fille de Pandion, changée en rossignol).

Quoique d'humeur difficile, cet oiseau est capable de s'attacher à ceux qui prennent soin de lui.

Il commence à faire son nid vers la fin d'avril et au commencement de mai; il le construit avec des feuilles de joncs et des brins d'herbes grossières en dehors, de petites fibres, de racines, de crin et d'une espèce de bourre en dedans, après quoi il le place dans le voisinage des eaux.

Chaque nichée se compose ordinairement de cinq œufs; la mère dégorge la nourriture à ses petits, et elle est aidée par le père.

Le rossignol peut faire jusqu'à trois couvées par an, mais les dernières sont toujours moins nombreuses.

Cet oiseau se cache au plus épais des buissons, et se nourrit d'insectes aquatiques et autres; de petits vers et d'œufs, ou plutôt de nymphes de fourmies.

Les gourmets préfèrent sa viande à celle de l'ortolan; sa vie moyenne est de 8 à 9 ans.

LA PERDRIX

(Du latin perdrix.)

Les principales espèces de perdrix sont : la grise, la petite grise, celle de montagne, la rouge, la bartavelle ou la rouge à cravate blanche.

Les provinces les plus tempérées de la France et de l'Allemagne sont celles où ces cinq espèces abondent le plus.

Cet oiseau se plait dans les pays à blé, et surtout dans ceux où les terres sont bien cultivées et marnées (terre calcaire mêlée d'argile).

Ces bipèdes commencent à s'apparier dès la fin de l'hiver, après les grandes gelées ; ils ne se mettent à pondre que dans le mois de mai, et même quelquefois de juin, et font leurs nids sans beaucoup de soins et d'apprêts : un peu d'herbe et de paille grossièrement arrangées dans le pas d'un bœuf ou d'un cheval lui suffisent.

Les perdrix pondent ordinairement de 15 à 20 œufs et quelquefois même 25, mais les couvées des toutes jeunes et celles des vieilles sont beaucoup moins nombreuses.

Les œufs sont à peu près de la couleur de ceux des pigeons, mais plus gros.

La durée de l'incubation (action par laquelle les volatiles couvent leurs œufs), est d'environ trois semaines.

Lorsque la couvée va bien, les petits percent leur coque assez facilement, courent au moment qu'ils éclosent et souvent même emportent avec eux une partie de leur coquille ; ils ont les pieds jaunes en naissant.

La nourriture favorite de la perdrix est les œufs de fourmis, les petits insectes et les herbes ; celles qui sont privées préfèrent la laitue, la chicorée, le mouron, le laiteron, le séneçon et les épis de blé.

La manière la plus usitée pour la prendre est :

1° La chanterelle (vieille perdrix);

2° Le filet;

3° Les piéges.

Les grises sont celles de notre pays et elles sont sédentaires; ainsi, non-seulement elles restent dans nos parages, mais même elles quittent avec regret les endroits où elles ont pris naissance et où elles ont passé leur jeunesse.

Dans le cas où une nichée d'œufs est prise, on peut les faire couver par une poule qui les mène à bonne fin.

La chair de la perdrix est connue depuis longtemps pour être une nourriture exquise et salutaire; ses deux qualités par excellence sont d'être succulente sans être grasse.

Son chant a beaucoup de ressemblance avec le bruit d'une scie : elle cacabe.

Sa vie moyenne est de 6 à 7 ans.

PROPAGATION

DES OISEAUX

Je ne puis, chers élèves, terminer ce petit spiche sans vous dire deux mots sur la propagation des oiseaux.

Et d'abord, pourquoi ces déprédations de votre part à l'égard de ces petites et innocentes créatures qui vous rendent au centuple?

Pourquoi cette mauvaise manie de faire périr, même avant qu'ils puissent voir le jour ou du moins goûter les charmes de la vie, des êtres qui sont appelés à faire vos délices?

Pourquoi cette mauvaise habitude? Ne voyez-vous pas qu'après la douleur causée au père et à la mère du petit oiseau que vous allez faire périr, vous vous faites tort à vous-mêmes.

Lisez les traités d'agriculture et vous vous convaincrez que c'est dans les endroits privés de volatiles que les vers de terre, les limaçons et les chenilles dévorent le plus les fleurs des pommiers, poiriers, pruniers, abricotiers, etc., etc.

La pitié pour eux ne suffit pas; ce n'est point assez de ne pas les tuer, il faut encore les aider à vivre et à se multiplier.

La saison la plus rigoureuse pour eux est celle de l'hiver. De grâce, chers amis, établissez sous un toit, au-devant de la fenêtre d'une chambre inhabitée, dans un coin propre à les garantir du vent et de la neige, une planche à appât sur laquelle vous sèmerez, par intervalles, des miettes de pain, des grains de blé, d'avoine, des baies de sorbier et de sureau.

Les petits granivores et insectivores s'habitueront vite à cette vie d'hôtellerie, et soyez persuadés qu'au retour du printemps ils acquitteront leur dette avec reconnaissance.

Au nom de l'intérêt agricole, respectez, nourrissez même ces petits êtres créés par Dieu pour protéger nos moissons, nos légumes, nos arbres et nos fruits contre les attaques et les dégâts des insectes.

Nourrissons-les en récompense des services qu'ils nous ont déjà rendus en détruisant des milliers de ces insectes nuisibles, qui, sans eux, se fussent multipliés par milliards.

J'espère, chers élèves, que ces leçons porteront leur fruit, et qu'à l'avenir étant personnellement plus instruits de l'utilité d'un chacun des êtres que nous venons d'étudier ensemble, vous vous montrerez doux et humains à leur égard ;

Que vous enjoindrez à vos égaux de les protéger, et supplierez vos parents et même les étrangers de les aimer, d'alléger leur joug et d'en propager l'espèce, ayant toujours présent à l'esprit :

1° Que le cheval, le mulet et l'âne portent nos provisions et nous traînent ;

2° Que la chèvre et la brebis nous donnent leur lait et cette dernière sa toison ;

3° Que le bœuf et la vache nous donnent une viande abondante, saine et succulente.

4° Que le cochon nous fournit la seule viande en usage dans beaucoup de ménages ;

5° Que le chien nous garde ;

6° Que le chat détruit les rongeurs ;

7° Que la poule nous donne ses œufs ;

8° Que les abeilles nous donnent un miel très-doux ;

9° Que les oiseaux nous récréent par leur chant, nous donnent une viande recherchée, et détruisent des myriades d'insectes importuns.

FIN.

ROURE FILS, IMPRIMEUR A PRIVAS.

www.ingramcontent.com/pod-product-compliance
Ingram Content Group UK Ltd.
Pitfield, Milton Keynes, MK11 3LW, UK
UKHW021954260726
13994UKWH00004B/1748

9 782329 369228